① 工业与时尚

软装设计手册

工业与时尚
TIMES

度本图书 DopressBooks 编著

U0199297

中国林业出版社

图书在版编目（CIP）数据

软装设计手册.1，工业与时尚 / 度本图书编著. -- 北京：中国林业出版社，2014.1（设计格调解析）

ISBN 978-7-5038-7197-9

Ⅰ.①软… Ⅱ.①度… Ⅲ.①室内装饰设计－图集 Ⅳ.①TU238-64

中国版本图书馆CIP数据核字(2013)第215951号

编委会成员：

于　飞　李　丽　孟　娇　王　娇　李　博　李媛媛

么　乐　王文宇　王美荣　赵　倩　于晓华　张　赫

中国林业出版社·建筑与家居出版中心

责任编辑：成海沛 纪　亮

文字编辑：李丝丝

在线对话：1140437118（QQ）

出版：中国林业出版社

（100009 北京西城区德内大街刘海胡同 7 号）

网址：http://lycb.forestry.gov.cn/

E-mail: cfphz@public.bta.net.cn

电话：（010）8322 5283

发行：中国林业出版社

印刷：北京利丰雅高长城印刷有限公司

版次：2014年1月第1版

印次：2014年1月第1次

开本：1/16

印张：10

字数：150千字

定价：69.00元 （全4册：276.00元）

法律顾问：北京华泰律师事务所　王海东律师　邮箱：prewang@163.com

Contents

■　唯美梦幻

Fantasy

■　现　代

Modern

■　工　业

Industrial

解读"时代"

　　软装设计也常被称做室内陈设设计，主要指对室内物品的陈列、布置与装饰。而从广义上讲，在室内空间中，除了围护空间的建筑界面以及建筑构件外，一切实用和非实用的装饰物品及用品都可以被称做室内陈设品。软装设计可大致分为实用和装饰两大类：以实用功能为主的家具、家电、器皿、灯具、布艺和主要以装饰功能为主的挂画、艺术品、插花及其他饰件。

　　总体而言，软装设计应遵循美观与实用兼备、装饰与使用功能相符、满足心理与精神需求等前提原则，同时营造某种预期的氛围与意境，而构建这种氛围与意境的关键就在于把握包括色彩、材质、肌理、体量、形态等所有参与室内空间构成的元素之间的关系。与此同时，所有这些布置其中的软装元素应当与室内整体空间的"气质"融合协调、相得益彰。

　　这种气质并不等同于通常所说的风格，因为我们定义的风格实在很难概括现今时代各种软装配饰的丰富形态，只能说是更贴近哪种风格。我们甚至可以说，风格本身并不重要，那只是一种笼统的界定方法，设计师要发现的是风格背后的美的本质与文化内涵，而不是一味地纠结于风格。对于这种室内设计的气质，或许我们应该把它解释为格调或者味道。只是为了便于区分空间环境的大致气质，人们习惯采用风格这一称谓加以概括。但也无妨，我们可以根据通常所说的几种典型风格来感受软装设计与室内环境的关系，以及涵盖在风格中的不同气质。

　　该系列丛书以软装设计/陈设方式带给人的不同感受作为章节划分的依据，比如简约、生态、怀旧、艺术、工业、时尚、奢华、古典等。书中除了结合选自世界各地的优秀作品案例，对每个作品的设计理念和设计亮点给出的详细说明和分析，还有根据案例展开的关于设计风格、软装配饰的要点等大量知识点，为设计师在整体风格的把握上提供有价值的借鉴和参考，从而使本书兼具实用性和欣赏性。

　　本书收录了充满时代感的现代时尚与工业风格的设计作品，在唯美梦幻的类别中，你可以发现灵动的夜店设计、深邃的餐厅设计、哥特风格的理发沙龙、虚幻飘渺的服装卖场等等，这些作品能让你的眼睛在设计师天马行空般的想象力里享受一场非凡的视觉大餐，你会发现你的情绪会随着被扭曲、重构、升华了的光和影一起舞蹈。可能你会对工厂产生的种种污染和轰鸣心怀不满，不过这一定不会影响你在工业风格的类别中发现：原来工厂的元素早已被设计师们提炼和整理融入对各类建筑空间的重新思考当中，你会看到颓废气息与文艺气息一样厚重的餐厅设计、后现代气质十足的办公空间设计、充斥着朋克艺术灵感的青年居所以及完美的空间改造，这或会令你对工业风格有更正面的理解。现代风格或许不是一种独立的风格，因为它承载了太多的"主义"和"规则"，如何用一种看似平淡的表象去引述现代风格存在的意义，或许设计师应该多多借鉴书中介绍的这些具有浓郁的时代感的作品。

选入本书中的作品所采用的设计语言可以大致概括为：时代前沿、人性科技、舒适便捷。即包括强调光感的未来主义风格、也包括充满时代感的当代时尚风格，同时也包括LOFT这种工业化和后现代主义完美融合的装饰风格。有的案例中体现出旧工业风格对暴露，甚至刻意强调水泥梁柱结构和废旧机器、管道、钢筋等各类工业残留的兴趣，肌理粗犷的砖墙背景、线条硬朗的楼梯搭配一些做旧或复古的皮艺家具、灯具，既具有视觉上的先锋、前卫之感，又能体现一种历尽沧桑的厚重文化内涵。这种亲近工业文明的态度，为现代人的生活方式和审美取向带来激动人心的转变，再现了蒸汽机时代雄浑、蓬勃的精神意境。

· 家具

室内家具强调线条优美、理性、合乎比例。家具的尺度感强，多表现为弧线的美感。风格上讲究与周围环境融为一体，由于此类风格的室内往往有非常丰富的装饰造型设计，家具在造型上往往不会刻意抢眼去表现存在感，而大多与环境达到融合的效果。在材料上，质感多突出镜面反光和晶莹剔透的视觉感受，特殊材质家具和定制家具、艺术品一体家具在其中占据大部分篇幅。

偏工业风格的室内家具带有非常醒目的时代特点，具有工业厂房的一些基本特征的特征，追求大机器生产和标准化生产，强调结构和功能，如同工业风格的一些基本特点早已被人熟知：简单、直接、冷酷、理性等等，以上特点现在家具上颜色深沉，黑色调居多，即便是偏中性的颜色也调整得具有分量感。材质上多表现材质的最初质感，不加修饰，有时还会刻意做旧和做脏，多表现为钢铁和原木、皮质制品的混搭。

◎roche-bobois 罗奇堡（法国）：诞生于1896年的法国罗奇堡家居是全球顶级定制家具的领导者，与众多知名设计师合作，每年的4月和10月，罗奇堡便会在巴黎举行全球新品发布会，其产品是明星妆点居家的首选；也是政要们的家具选择。最近几年罗奇堡开始与多家时尚界巨擘有越来越广泛的合作，包括JEAN PAUL GAULTIER、MISSONI、EMANUEL UNGARO、SONIA RYKIEL等品牌每年都会为罗奇堡设计定制特有的面料，这在家具行业中极为罕见。

◎RootsGalleria （中国）：自英国的Roots和一群热爱旧工业时代设计风格的年轻人怀着对过往时代的追溯恋与思考，诞生了国内首家以工业风为主的家具品牌"RootsGalleria"。通过金属、玻璃、硬木铸造与设计，品牌用这些较为严肃的方法创造了纯粹的工业视觉感。

·灯饰

唯美与梦幻风格的室内灯具旨在为环境营造绚烂夺目的视觉效果，避免直接光照射，一般都是应用气氛光源达到朦胧、暖昧的效果，光源多以多数量组合和矩阵的形式表达。在形态上较碎，分散性排列较多，不特意突出规则的造型，而是大量运用弧线、圆形等形状迎合对梦幻唯美的空间概念。在材质上多用玻璃、高分子材料等具有晶莹剔透效果的材质去衬托光源效果。

工业风格灯具几乎是照搬了工业厂房的灯具外形和风格，如工矿灯具、投光灯和三防灯具等。外形不追求精致，造型简洁富有力度感，尺度偏大，有时会刻意的表现笨重、冷峻。材质以铁艺或仿铁艺为主，也有木制造型。元素上尽量表现"去温馨化"，常出现外露的金属铆隼和电线等工厂半成品的形式。

◎MOOLLONA（意大利）：具有136年历史的欧洲灯饰界的顶级品牌，MOOLLONA背后，有

着深厚的欧洲文化底蕴，古希腊的经典文化、意大利的浪漫、文艺复兴时的文化艺术精华共同构筑了MOOLLONA的文化基因，打造经典的设计理念与艺术相融合，注定了产品风格的外在体现，同时也注定了MOOLLONA内在的思想张力。

◎ZIO 齐奥（意大利）：ZIO的所有产品都以时尚，浪漫为主调。它将制造灯具与其设计师做了最好的结合，产品成为意大利工业设计界的经典。ZIO 旗下的设计师有 Achille Castiglioni, Piergiacomo Castiglioni, Philippe Starck, Jasper Morrison, Konstantin Grcic 等等，由于多位设计师拥有建筑师的背景，所以ZIO的灯具唯美不失其实用性。是世界最具影响力的品牌之一。

◎Tom Dixon 汤姆迪道（英国）：2002 年由知名设计师 Tom Dixon 和 David Begg 所创立，主要设计和生产英国的家具和灯饰，如广受好评的Copper Shade, Mirror Ball以及近期的Beat Light, Slouch 沙发椅等等。设计理念以传递和复兴英国工业精神和鼓励个人主义的创新为目的。

·挂画、墙饰与装饰品

此类风格的装饰品强调展现直观的时代特征，造型多表现为合乎尺寸和逻辑的理性美，材质运用体现简单和克制，追求格调与环境装饰的统一性。

唯美梦幻风格的室内中，装饰品的作用更加的突出和直观，其本身的构成也更讲究精致和夺人眼球，在造型上，饰品的风格可以天马行空地围绕着任何主题展开，可以是前卫艺术家的作品，也可以是手工DIY的作品，甚至可以不是任何"制品"，艺术品的构成单纯地围绕着某一概念延展。材质方面，亮光金属质感和陶瓷质感是最受青睐的，而在尺度上也无标准而言，总之，唯美梦幻的饰品趋向前卫和概念，力求在大的环境的节奏中，表现脱离现实世界的艺术感。而工业风的室内设计里，饰的选择仿佛走在了与唯美梦幻的另一个极端，工业风的室内空间中，饰品更固定在工业化社会进行初期的工业制品的模样，形态力求富有工厂化、标准化设计制造的统一感，包括工厂构件、劳动工具和原本不属于室内的外部元素都可以加以利用，形态方面讲究尺度和工艺感，主张从理性出发，用抽象的几何结构来表达宇宙和自然的普遍的和谐与秩序，表现科学理论、机械生产和建造城市的本质和节奏。

◎suck UK（英国）于1999年成立于英国伦敦，他们的作品与风格就一如"suck UK"这个令人啼笑皆非的品牌名称，充满了创意性与趣味性。其最吸引人之处是他们天马行空般的无限创意与趣味诠释，让每一个商品都融入了贴近生活的独特想法精髓，并擅长利用不同材质与元素的结合，设计出独一无二、玩味且实用之美学产品。

◎HarborHouse（美国）Harbor House品牌饰品旨在表现后工业时代奢华的怀旧风，在全球采购，由顶尖设计师们创造。崇尚平价的奢华，以超凡的价值及丰富的产品组合，带给你质朴从容的生活、人与自然的融合、无拘无束的自由。

◎QOOLTANGO酷坦哥（中国香港）品牌理念源自设计界颇有国际影响力的优秀设计师张文盈Laura Cheung。品牌风格多元化，融合经典复古与现代时尚，形成另类混搭路线。其中工业时代风格系列把过去的工厂时代的仪表以及管线、机械化的铁艺精制品等元素融入到了美学创意之中。

梦幻与现实的唯一联系就是梦是真实世界的虚幻镜像。唯美梦幻的室内设计风格从高于实用的审美高度出发，用不同的设计语言表现极致的、完全服务于人类某种喜好的美的外观，这种美可以是脱离现实的、无起源的、仅仅取悦感官的。

营造一系列无法触及的氛围，表达一种有距离感的美，首先是运用独特的技巧组成美的视觉外观，光与影创造最直观的视觉冲击，其次是元素的运用，具有不同反射质感表面的材质通常可以营造绚丽或迷离的氛围，而相同元素的重复使用则可以表达一种循环的无尽感，唯美梦幻的室内风格最终要让整体的氛围感遮盖观者对于材质和造型本身的关注度，而不由自主地融入一种谜一样的情感里。

唯美主义者认为，任何冠以艺术之名的门类都不应具有任何说教的因素，而是追求单纯的美感。而设计师的终极目的则是要用理性的设计语言表达感性的艺术美，唯美梦幻的表现，大概是对于冰冷建筑实体的最大不妥协吧。

■ Aura Light and Sound Suites Nightclub

■ 光环与声音夜总会

■ 纽约. 美国

■ 室内设计:
Bluarch Architecture + Interiors + Lighting
■ 摄影:
Oleg March Photography
■ 客户:
Aura Light and Sound Charlie Wahler

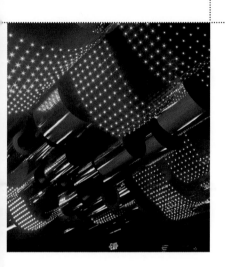

"光环与声音"是一个夜总会和活动空间，其设计目的是营造奢华的内部空间，最先进的照明和如水晶般的声音。该场所被看作是一个极具动感的空间，如灯光声音般流动、移动，推动波纹、波浪、骤升。光的表面起伏并推动，柔软的墙面叠起，展现，一切都是短暂的瞬间。

在室内设计中，不同的灯光设置能建立不一样的环境气氛，夜店空间环境既要展现符合潮流的美感，还要满足引导情绪的要求，因此灯光的设计作用就很重要，满足亮度、指向性要求的同时，还要考虑满足灯光在颜色和形态上的变化。

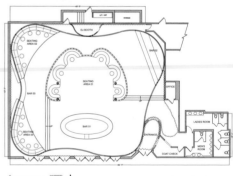

AURA - FLOOR PLAN

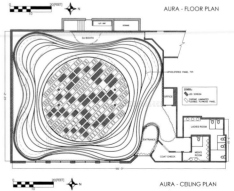

AURA - CEILING PLAN

伴随宾客接近房间的中心该空间层层交错，垂直平面逐步上升。伴随这些回荡表面的上升及漂浮，展现了倾斜的格栅射灯，巧克力棕色的乙烯和边缘呈现深红色乙烯轮廓的材料。

在最内层蜿蜒的表面之外是表面起伏的镀铬面板和LED筛网屏幕，用来播放和放大视频信号并营造下面的氛围。这些面板都挂在天花板上，似乎是不牢靠的。

在利用光进行气氛设计时，大致可分为直接光和间接光，一般直接光负责指向性照明，是功能光。间接光用来营造不同的气氛，组建不同的灯光造型。无论是直接光还是间接光都应尽量做到光度均匀，避免各种程度的对人眼的直射光。好的灯光设计是将二者结合起来，配合不同的设计风格和软装饰品以达到预期的效果。

■ Innuendo

■ 印努挨多

■ 纽约. 美国

■ 室内设计:
Bluarch Architecture + Interiors + Lighting
■ 摄影:
Oleg March Photography
■ 客户:
Dennis Mavashev

印努埃多是一家提供现代美式菜肴的餐厅，受到地中海、法国、亚洲美食的影响。天花板的设置是一个三维立体、云状结构及有机的构成。15.24cm的杨树木被应用到本案中为宾客提供柔软、转移及不断流动的空间。杨树材质的云状天花板上，LED照明系统为空间营造唯美、统一、失重、移动的空间感。

重复的概念是指在同一设计中，相同的形状出现多次，重复是设计中比较常用的手法，用相同的元素组成有规律的节奏感，使室内空间感统一。在重复的构成中主要是指形状、颜色、大小等方面的相同。重复中的基本形不宜复杂，以简单为主。

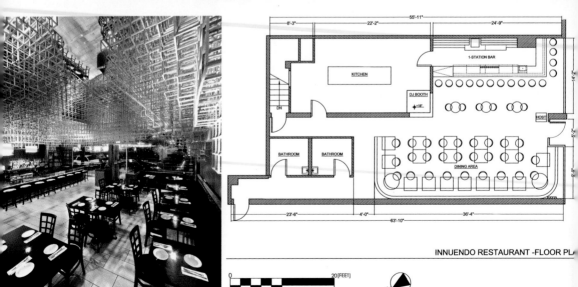

INNUENDO RESTAURANT -FLOOR PLA

座位被固定在房间的一面，簇绒长椅受到巴塞罗那椅子方型按钮的组织形式的影响。墙壁上覆盖着樱桃单板，镜子可以反射周边空间以此将空间统一起来。店面采用无框结构，再加上天花板的安装方式，以开放的空间布局结构向城市开放。

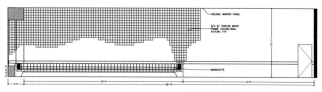

INNUENDO RESTAURANT -SECTION 01-

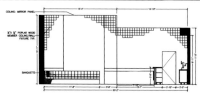

INNUENDO RESTAURANT -SECION 02-

在室内设计中重复的类型包括：

①基本元素的重复：在构成设计中使用同一个基本形构成的重复。

②色彩重复：在色彩相同的条件下，形状、大小可有所变动。

③肌理的重复：在肌理相同的条件下、大小、色彩可有所变动。

④方向的重复：形状在构成中有着明显一致的方向性。

■ Kronverk Cinema

■ 克荣沃克电影院

■ 莫斯科. 俄罗斯

■ 室内设计:
Robert Majkut Design

■ 摄影:
Andrey Cordelianu

■ 客户:
ISC Epos

克荣沃克影院是俄罗斯大型品牌连锁电影院。Robert Majkut Design开创的理念在莫斯科的一家影院中得以实现。尽管在克荣沃克影院室内连续使用色彩及几何图案，但每一区域都有明确的美学特征。

迷幻风格的室内设计中，光影与颜色的搭配要点：

①用大面积的纯色强调存在感，主体色给予视觉的强调性。
②光影的追踪围绕着主体色展开，但不应给予直接的照射。
③面积光于零碎光多种光源效果共同作用，而色彩方面，主体色与互补色应分清主次。

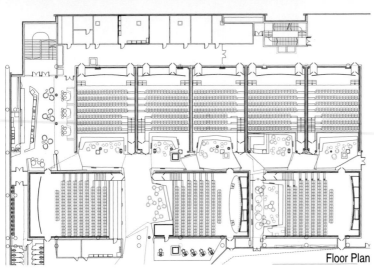

Floor Plan

大厅的天花板上唯美的LED照明灯组成
细腻、唯美的微妙图案。

酒吧区由于空间规模的因素，给人以独
特、充满活力的空间感受。完全单色调
的黄色VIP 酒吧给人以饱满、充满活力
的空间感受，该区域以形象化的图案装
饰。贵宾休息室则相反，采用舒缓的紫
色与黑色营造优雅、亲密的交流氛围。

白色走廊令人印象深刻，与深色的影院
大堂形成强烈对比。

每一个空间区域都被清晰界定，兼顾功
能性与审美性，采用源于商标的图案。

本案运用醒目的颜色划分空间中不同的功能区，并参考特定颜色对人情绪的影响来搭配材质以及细节。大小风格各异的花纹被运用在不同的位置，丰富了大空间的视觉感受，也能弥补深颜色面积过大给人造成的压抑感。灯光在营造氛围方面力求达到亦真亦幻的效果。

■ Spice Spirit

■ 麻辣诱惑餐厅

■ 上海. 中国

■ **室内设计:**
Golucci International Design,
Lee Hsuheng, Zhao Shuang, Zheng Yanan , Ji Wen
■ **摄影:**
Sun Xiangyu
■ **客户:**
Spice Spirit Restaurant

本案位于上海虹口龙之梦，客户希望将女性体态的曲线柔美移植到餐厅空间设计中，设计师利旭恒在此基础上加入了中国太极元素，即是在原有阴柔的基础上融入阳刚的多角砖，利用太极阴阳虚实的关系，寻找一种堆砌与互补的秩序及空间填充的概念。

纯色彩空间的韵律集中表现在元素本身特质的差异上。如在相对多的相同元素中出现对比变异的元素，就能产生音乐般的韵律感。把色彩的深浅、浓淡，色彩的渐变、转换、错落，以及形状、位置、方向等，与材料按一定的比例、大小和尺度有秩序地排列、变化和组合，任其相隔、跳跃、重复，就能给人以视觉上和心理上的美的秩序感和律动感。

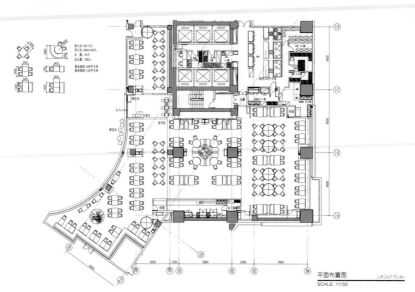

平面布置图　LAYOUT PLAN
SCALE: 1/150

餐厅用餐空间分割为三个区域并用两种
元素进行装饰。

一是白色曲线板，墙与天花板大量的曲
线强调了人体美学，横面的曲线来自纵
向曲线的迭层，籍此简洁自然的强调女
性曲线之美。

另一元素是紫色多角砖的堆砌，密实的
堆砌与大体量表现的是太极"阳"与
"实"的男性概念。这一作法使得扮演
男女的主题元素彼此交融密不可分。

■ Leechard Prohair No.19

■ 理查德波翰19号

■ 一山. 韩国

■ 室内设计:
　Need21
■ 摄影:
　Need21
■ 客户:
　Leechard Prohair

本案以哥特混搭cyber风格为主基调。入口处的黑色为空间增添了独特之感。哥特风从入口处开始蔓延开来。入口处大面积的黑色延伸至柜台。哥特风格将柜台吧台联系起来。黑色是哥特风格最重要的元素之一。内部空间的金属材料形成天然的流线型结构蔓延至整个空间。光亮耐用的金属材料呈曲线状分布，为顾客营造如至梦幻世界一般的感觉。

本案所指哥特风格或者泛谈之新哥特风格与历史上哥特建筑关联不大，只是特指一类执着于对黑暗和荒凉的体现、秉持着悲观绝望的终极价值观的视觉风格。今天的哥特一词已被解构得支离破碎、残缺不全，设计元素的冰冷化和黑暗系列花纹是这一类风格的明显特点。

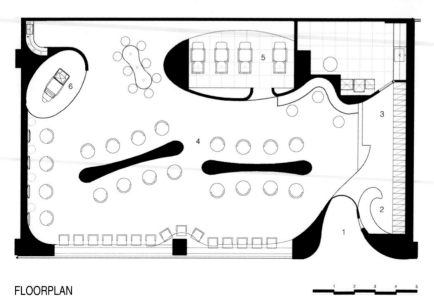

FLOORPLAN

1　2　3　4　5

沙龙内部钢结构的地面为空间营造了愉悦之感。表面粗糙的磨砂钢化地面由于光饱和及亮度创造出非凡的视效错觉空间。通过室内安装的发光体，光线在金属板上进行反射与折射，达到了光线的充分利用，提高了室内的照明度，这种手法类似于在白纸上泼墨，设计师认为这一点与韩国的民族特点相通。

在设计的过程中，不同风格的解构与重塑，借鉴与影响是司空见惯的事情，其中对于特定风格中代表性元素的提取和利用是设计师最常用到的手法，不同的世界观、价值观、人生观决定不一样的设计出发点，而呈现出形态各异的设计作品。

■ Nicola Formichetti Concept Store at Lane Crawford

■ 尼克拉弗密切提概念店

■ 香港. 中国

■ **室内设计:**
Gage / Clemenceau Architects
■ **摄影:**
Gage / Clemenceau Architects
■ **客户:**
Nicola Formichetti

位于纽约的Nicola Formichetti在设计时采用平面反射原理。作为Lane Crawford在该城市五家店之一的香港旗舰店采用特殊策略营造虚幻的空间效果，与传统的建筑材料营造的氛围不同。本店室内采用15cm厚的镜面黏合剂复合技术、真空透明塑料板，并配置可编程的LED照明。设计师将这些技术与建筑遗传学相融合，令房间在一天之中不断"重新编程"，为顾客带来不同的情感和情绪的体验。

材料的质感能通过不同肌理的视觉、触觉进行传递，从而延伸出人们对环境本身的心理感受。因此不同材料的质感对人感知环境的心理起着重要的作用，本案在大面积的墙面上的设计可以扩大室内的空间感，给人以虚幻的感觉。

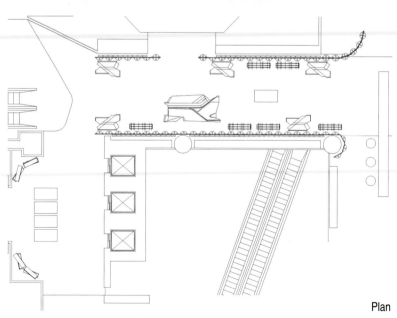

Plan

这样，来到店里两次拥有同样的经历是不可能的——因为它是一个不断变化的环境，综合艺术品、品牌内容、音乐视频、社交媒体、iPad的互联互通、Lady Gaga的服装陈列及Nicola Formichetti及其他新兴时装设计师的作品——同时存在为顾客带来梦幻和切身的体验。

不同的质感源自于不同的物质属性，因此也造就不同的肌理形式而使人产生不一样的感官印象。通过研究不同材质的物理属性来创造设计不同的肌理墙面，表现质感，来达到理想的效果。肌理墙面的材料不同，表面的组织、排列、构造各不相同，因而产生通透感、粗糙感、光滑感、软硬感也不同。

这瞬息万变的花花世界，有着色彩斑斓的独特样式和多种多样的审美需求，一个流派、一个时代、一个民族的兴衰起落，或许就能留下不一样的风格，设计师的伟大就在于能在多种感官的传达下找到适合的样式予以呈现，化零为整，化抽象为具象，为这个莫可名状的时代留下鲜活的独特印记去启发无尽的未来。

自从20世纪20年代在西方建筑领域诞生现代派建筑以来，无数的设计师突破传统的束缚，探索适应新时代生活所需的不同样式和风格，在崇尚理性的社会变革下，用敏感细微的设计思维寻求符合时代精神的美学特征，呈现于这个略显浮躁的时代画卷之上。

现代视角之现代，如同站在古代的角度看到几千年前的更加古代，都是有着时间的狭隘性的，也恰恰如此，后来的设计人可以在现代的作品上看到历史长河的蜿蜒流转，弥补我们留下的不和谐、不完整与不统一，继续探索符合以后未知时代的创作原则和发展之路。

■ W Barcelona Hotel

■ W巴塞罗那酒店

■ 巴塞罗那. 西班牙

室内设计:

Ricardo Bofill Taller de Arquitectura

摄影:

Lluís Carbonell

客户:

Nova Bocana Barcelona sa.

W巴塞罗那酒店位于巴塞罗那港口上的新入口处，以现代化建筑形象毅然矗立于地中海之上，成为高端零售、办公和娱乐场所新开发地区的标志性建筑。100000m²的帆形建筑酒店已被列入巴塞罗那海岸线宏大的城市改造计划之中。

现代风格家居设计的特色是，其设计的元素、材料在形式上倾向单一、简洁，功能上倾向实用和人性化，在功能和形式上契合得更加完美。

对现代科技的应用、力求节能低碳、打造视觉的时尚美感和如何创造出时代气息，也都是现代风格所不可忽视的环节所在。

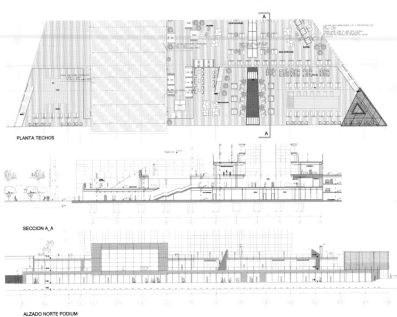

PLANTA TECHOS

SECCION A_A

ALZADO NORTE PODIUM

W巴塞罗那酒店是一家五星级酒店，设有480间客房，67间套房，一个屋顶酒吧，大型水疗中心，室内和室外游泳池，多个食品和饮料的概念和零售店。

距离海最近的建筑是一个狭长形建筑，高105m垂直于堤面。银玻璃外墙反射天空和海花的颜色。这一建筑结构插入低中庭建筑，建筑大堂可以欣赏到美丽的海景，并可享受顶峰的自然光线。

公共功能区被安置在一个平台下被看作是两个巨大的露台。设有大窗户的一个大的会议室打破了建筑物地基的水平线。

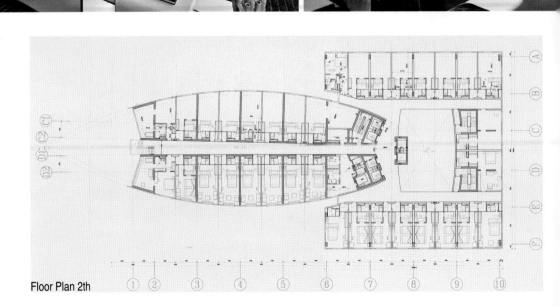

Floor Plan 2th

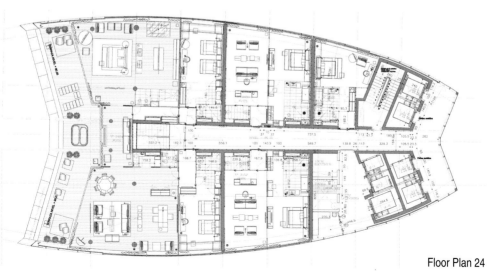

Floor Plan 24

- **Brian Rd**
■ 布莱恩寓所
- **莫宁赛德. 南非**

- **室内设计:**
  Nico van der Meulen Architects
- **摄影:**
  Jeanne-Claire Bischoff

Nico van der Meulen Architects受到客户的委托，全权负责一座坐落于约翰内斯堡黄金地段一个安静地区的60年代的房子的翻修工作。建筑师从入口开始，在门口设计了一个具有外置聚合车道的车辆通道，接连处具有损坏的岩石，并设计一个几何形花园使空间完整。

现代主义建筑又称现代派建筑，是指20世纪中叶在西方建筑领域占据主要地位的一种建筑风格，强调功能第一，形式第二。现代建筑的形式提倡通过效率造就美，这也不难解释现代派建筑的美有同质化的倾向，于是室内软装饰的多样化弥补了这一缺憾，现代风格的建筑强调简洁宽阔，给软装发挥的空间很大，从灯具，家具，艺术装饰品，布艺搭配等。

First Floor plan

房子的外观设有一个附加的前庭及河流，入口处具有瀑布，水饰提高房子的价值。

河流沿着餐厅及在扩展的侧墙下流淌，一个超大的玻璃透视门已安装于此作为前门。这个区域没有立柱，这样的构造营造流动的屋顶效果。您可以洗澡或站在淋浴下向花园望去。

两个前庭为主人带来通风的室内空间，同时保持这个空间完全不接待不受欢迎的访客。

整个空间线条刚毅，简洁利落，适应了当地的气候特征而强调了通透性，在整体感的把握上，改建的过程中注意发挥了原房屋的优点，将符合现代的生活方式融入其中，在配饰上，运用了非洲风格的工艺品和具有热带特征的藤制沙发。

■ Green Bistro wll

■ 绿色酒吧

■ 奥斯纳布吕克. 德国

■ **室内设计:**
　Jörn Fröhlich, Siddik Erdogan
■ **摄影:**
　Siddik Erdogan
■ **客户:**
　Lengermann & Trieschmann Dept. Store

本案室内设计的基本理念主要体现在可持续健康态的生活方式。设计采用的建筑材料充分地印证了这一理念。受灵感启发，设计通过采用自然有机模型来避免物理模型的刻板尖锐。材料选用坚固的原木并于表面饰以白色漆器。食物展架、餐具架、长椅以及餐桌均巧妙地融合到已设计完成的有机框架中。

本案的整体设计感或多或少的受到了装置艺术对于室内设计的影响，设计师用丰富而饱含变化的流线造型创造出了简洁富有韵律感的空间视觉。另外，整体感的设计能使观众在空间内由被动观赏转换成主动感受。

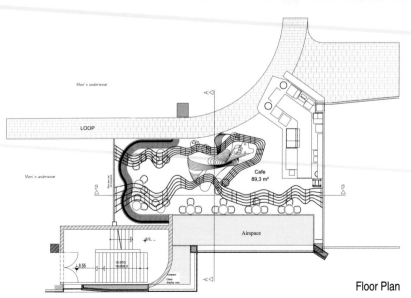

Floor Plan

白色的餐椅及白色郁金香餐桌使整个设计更显精致。布满流线型结构的天花板覆盖了整个酒馆部分，独特的设计无须打开悬浮天花板即可完成组装。Green Bistro设计精致，建造过程极具挑战，使其成为了游览德国奥斯纳布吕克时不得不去的地方。

现代风格最明显的特征是设计师可以在作品里融合多种艺术形式，而室内设计的艺术化将"让房子具有生命力"这句话变成了现实。自由使用各门类艺术手段，表明人类表达思想观念的艺术方式是无法用机械的分类来界定的。不受限制地综合使用多门类的艺术形式，是现代艺术追求表现广度，深度和强度的必然产物。

■ House Abo

■ 土著房屋

■ 林波波省. 南非

■ 室内设计:
Nico van der Meulen Architects

■ 摄影:
Nico van der Meulen Architects, David Ross

软装点评：本案中软装设计在家私款式上有独到之处，矮矮的圆滑造型，以棉麻布料为主，舒适度极高。在国内，很多人还在追求奢华、华丽，其实不管是欧洲还是美洲、非洲，更多的人会喜欢朴素、舒适、环保的生活方式。作为设计师，除了满足客户的需求以外，适当的引领优秀的生活方式应该也是一种责任。

经过慎重考虑，客户委托Nico van der Meulen Architects重新设计位于林波波的过时的家。房子位于南回归线处，这里热量过多，特别是在夏季，需要将这些因素考虑在内，并采用专门的措施完成改建及扩建工作。

现代室内设计的一般原则：

①简易性：设计施工易于操作，便于实现设计意图。
②实用性：整体易于日常快节奏生活的维护、清洁和保养。
③美观性：实用与装饰统一，功能与艺术结合。
④经济性：考虑艺术效果与成本的平衡，力求以更低的造价来实现更好的实用与艺术效果。
⑤环保性：绿色环保已经成为时下各个设计领域中最首要的需求之一，既包括环境友好型的设计，也包括低碳、节能的绿色设计。

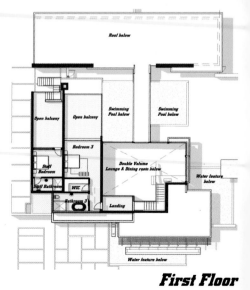

First Floor

将外观毫无吸引力的拱形屋顶、小窗户的砖房改造为惊艳、时尚、现代的住宅成为本案的设计目标。这是一座非常"不寻常"的房子，混合了不同的设计风格。沉重的砖石拱形屋顶使室内闷热极不舒适，视觉效果也不美观，并没有得到很好的设计。房子占地1132m²，现有的单层房子占地343m²。扩建151m²，房子内部也进行了扩建工作。

现代的室内设计里软装饰占据了更大的比重，现代软装有着时尚的特性，因此，产品的生命周期不会很长。只有引领潮流、风格独特的软装产品才有市场。因此，软装饰的设计可以分为以下几个方面去入手：尺度、色彩、质感、材质、意境、生活方式。

Ground Floor

■ House Mosi

■ 莫西之家

■ 约翰内斯堡. 南非

■ 室内设计:
Nico van der Meulen Architects
■ 摄影:
Barend Roberts, Victoria Pilcher, Karl Rogers

Nico van der Meulen Architects建筑公司受到客户委托，根据客户特定要求完成本案的设计工作。建筑师的主要目标是创建一个具有都市感的单层房子。为了实现这一目标，建筑师更新50年代的房子，将其转变成一个永恒的具有更好流动性的现代空间。

满足人们对待客空间的使用需求，是客厅设计的主要目的之一。而客厅设计的功能性与实用性在于：

①以满足多人的生活需求为前提，空间规划合理。
②体量与尺度的设计符合人体工程学，做到设计以人为本。
③布局合理，操作便捷，体现舒适性。
④功能齐全，设施安全、耐用。

GROUND FLOOR PLAN

在原来的房屋基础上进行改建和扩建，翻修后的空间可以容纳四间卧室和大型娱乐空间。房子的改建添置可以容纳双人的巨大空间和平面屋顶，为客户的未来考虑进行垂直扩展设计。

作为一个完美的翻修，房子分为公共空间和私人空间。建筑师创建了一个完美的外部和内部之间的协同作用，室内每一个细节都选用M Square Lifestyle Necessities设计的物品。

本案中，设计师更加强调作品应同工业化时代的建筑特色相适应，包括视觉习惯、生活方式、人文思潮的契合，用简单包容的线条，取得大多数人对于室内形式美的认同。

这个厨房空间显得极具清新和实用的特点，黑白颜色搭配的柜体将线条感收缩至简，一切的柜门都是封闭的，将所有零零碎碎收纳其中，外表上却如同什么也没发生过，体量厚重原木色餐台的出现又让整个空间富有艺术性，同时也为空间的过渡和分隔做出贡献。

■ House Moy

■ 摩艾别墅

■ **布莱恩斯顿. 南非**

■ **室内设计:**
Nico van der Meulen Architects
■ **摄影:**
Barry Goldman, David Ross

坐落于布莱恩斯顿埃克莱斯顿路4000m^{2}的广袤土地上，该别墅占地1400m^{2}由Nico van der Meulen Architects完成设计。由于选址的倾斜地形，设计公司在房子的底层设计了一个大的地下室，创建了斜坡上的台阶效果。

现代风格提倡简洁匀称，主张从实用性的角度出发，极力表现形式美，突出室内空间内物质形态的多样性和抽象性。在所应用材料上多采用新工艺与新材料。其鲜明的特点是简洁、实用、兼具个性化的展现，更多考虑居住者的生活状态，而且还体现出了工业化社会生活的精致与个性，符合现代人的生活品位。

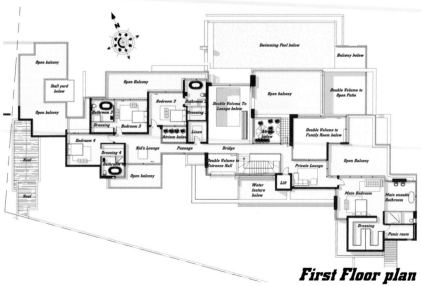

First Floor plan

从大门进入，向倾斜的车道望去，有数个凸出的大悬臂，有的已经生锈，其他的覆盖着悬空的石灰华，也可看到光栅屏幕背后的中庭。由于房子坐北朝南，自然光线及交叉通风效果比较好，因此可以几乎常年居住无需人工供暖或制冷。

由于线条简单、装饰元素少，现代风格家具需要完美的软装配合，才能显示出美感。例如沙发需要靠垫、餐桌需要餐桌布、床需要窗帘和床单陪衬，软装的完美搭配是现代风格家具装饰的关键。

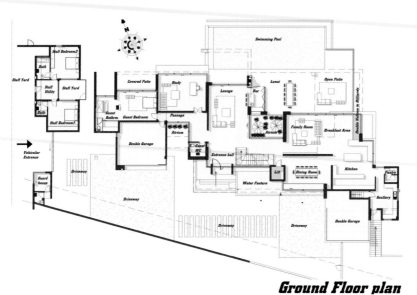

Ground Floor plan

本案虽空间面积很大，但在现代风格
饰品的装点下，视觉感受恰到好处。
在配色上，局部中使用了深色调，以
突出造型和家具的中心位置。巧克力
色、木色贯穿其中，让空间格调沉
稳。

House Serengeti

赛伦盖蒂别墅

约翰内斯堡. 南非

室内设计:
Nico van der Meulen Architects

摄影:
David Ross

这是位于非洲郊区的高尔夫球场的约
翰内斯堡别墅。本案视觉效果的成功
之处在于朴实纹理与高光泽表面之间
的对比，精致元素与原材料之间的对
比，达到完美的平衡。这壮观的房
子的每一处设计和美学体验都是Nico
van der Meulen Architects, M Square
Lifestyle Design及M Square Lifestyle
Necessities设计的结果。

当然现代风格如其他室内风格一样，会依据地域的不同
而展现不同的面貌，风格与形式如同内涵与表象。由于
当代建筑本身强调简洁，能体现风格的元素便交给了软
装饰所包含的家居产品。同时，家居软装饰通过完美设
计手法将所要表达的空间意境呈现在整个空间内，使得
整个空间满足人们的物质追求和精神追求。

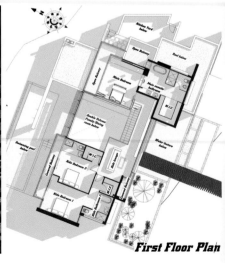

First Floor Plan

房子选材包括岩石、钢铁、木头和玻璃——这些经典的现代主义的设计元素重新搭配使用。

双层房子楼下设有一个开放式的生活区，楼上设有更衣室、书房、四间卧室及双人套房。

三间家庭卧室在楼上，客房位于楼下，与家庭的卧室分隔开来，为客户保证最大的隐私性。

Ground Floor Plan

绿色的地毯像块芳草地一样占据了整间卧房的中央，仿佛将室内外的大自然移到了屋内，原木材质的家具和石材拼砌成的床头背景墙也在用未经雕琢的天然质感与之呼应，让整间卧室充满了绿意。

■ House Tat

■ 塔特别墅

■ 巴松尼亚. 南非

■ **室内设计:**
Nico van der Meulen Architects

■ **摄影:**
Barry Goldman, Nico van der Meulen

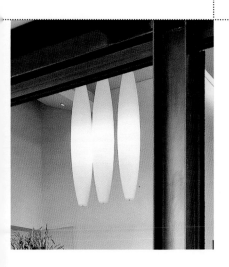

建筑师完成本案的翻修工作，将本案改造为现代时尚之家，达到非凡效果。 5层的房子选址非常陡峭、狭窄的地形，180°全景面向东面。建筑设计充分利用独特的景观元素，此举为本案增加了吸引力。

非洲风格的现代室内设计不可避免的会带有非洲特有的建筑和室内风貌。如运用当地特色的木材，非洲家具比较善于采用粗大的整块木料，有大胆的造型、庞大的体积，显得简洁有力，体现出稳定而威严的气势。房间内摆设的非洲家具，处处都有木雕艺术的神韵，造型上充满重量感和稳定感，而且使用的木料往往故意保留原始的疤结、残边和裂缝，在着色前都经过了风化处理，让原始木材表面的筋络凸显。

First Floor

Nico van der Meulen Architects不得不
改建现有的结构，几乎没有空间添加额
外的房间，因此其重点是重新设计现有
的空间。自然光线、观景效果及功能性
是设计的关键元素。现有的房子没有建
筑特色，而且几乎没有氛围，这是建筑
师需要努力改造之处。

在非洲风格的艺术作品中，世间万物的生死轮回
扮演着一个关键的作用。除此之外，动物是非洲
的意识形态和民间传说中的主要组成部分。狮
子、蛇、鱼、昆虫、海龟、长颈鹿、斑马和羚羊
成为非洲艺术中不变的主题。这些动物使非洲的
艺术品愈加丰富多彩。

Ground Flo

- House-S

■ S屋

- 东京. 日本

- 室内设计:
  Keiji Ashizawa Design
- 摄影:
  Daici Ano

软装点评：本案中，对园林的借用非常的出彩，但在一些家私尺度上有点小问题。简约是对的，但如果简约的感觉变成简单，就会在设计水准上稍逊一些。其实有些地方完全可以放几个装置，形成一个个视觉点，那样的话，整个空间将更加出彩。

"S屋"位于东京市中心一个安静的住宅区。房子选址在一条小路尽头，曾是武士居所，因此有古老的松树、榉树。这样的环境中，即使在喧闹的市中心，也影响了设计。为使房子与周围景色融为一体，每一层楼都有花园，外面的风景如同近在屋内，同时房子本身也成为大景观的一部分。绿意盎然的环境也起到遮挡的作用，使人感到隐秘。

好的室内设计应更注重材质的效果对比，包括木材，钢铁、布艺等材质反差很大的材料，或者是黄、黑、红等对比色，以及刚柔并举的选材搭配来制造房间装修装饰的一种冲突。而在装修的造型上追求简单不繁琐的效果。

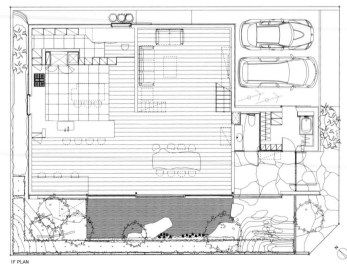

1F PLAN

虽然设计结构复杂，但设计者努力化繁为简。空间从外可见，空气的流动和艺术规划。室内空间给人感觉愉悦，光线上四季分明。"S屋"的设计，以主人的视角为基础，站在他的立场上融合重要的设计元素，而不是靠单纯的规划完成设计。

现代风格的室内材料不在于多，在于合理运用。出现过多的材质质感会给人一种无主次的视觉感觉，在室内设计中多使用一些朴素自然的材质进行搭配，这样无论家具造型和空间布局，都会给人耳目一新的惊喜。

■ La Lucia

■ 拉卢西亚别墅

■ 德班. 南非

■ 建筑设计:
SAOTA - Stefan Antoni Olmesdahl Truen Architects

■ 室内设计:
Antoni Associates

■ 摄影:
Karl Beath

SAOTA-Stefan Antoni Olmesdahl Truen Architects最近完成拉卢西亚的设计工作。设计师采用"赤脚的奢侈"而不是客户指定的概要。作为南非最重要的建筑事务所之一，SAOTA以设计现代风格的豪宅而家喻户晓，这已成为建筑爱好者辨别公司的识别元素。

非洲风格家居着重于传承非洲文化中的粗犷因素，色调会偏于黄色调，野性感十足。非洲风格为了避免产生发闷的感受，所以在墙面颜色的选取上会非常大胆，传统的本白和鹅黄、灰蓝、青绿、嫩粉分布在不同的墙面上，这种清新爽净的色调组合代表了明朗悠闲的意味。尽管摆放雕塑的大面积墙面被纯白所控制，但其间温暖的黄与粉加上原木的补充，使得整个空间充满温馨舒适的感觉。

室内和室外的流动使优雅的建筑形式和
袭袭海风的冷淡之间取得平衡。这种建
筑形式，具有明显的南非特色，并与景
观组成看似简单却体现诗意的空间平面
（在这种情况下，两个浮动的矩形板置
于遮板混凝土之中）。

设计师选用敏感材料，在材料使用上将
人造材料与自然材料结合，创造惊艳的
效果。内部反映了简洁的线条架构，仿
佛讲述着属于自己的寓意。

本案属于海景房的范畴，主旨在于表现美丽的自
然风光和休闲的心态，无论是材料、审美还是建
筑本身的构成，驾驭非洲风格要求有足够的功
力，要知道非洲的艺术来自于广袤的土地与当地
人不竭的生活热情。

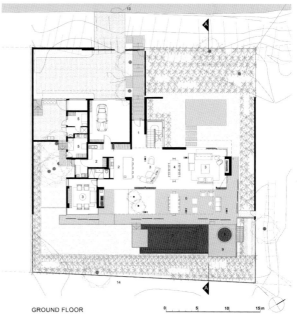

GROUND FLOOR

0   5   10   15 m

FIRST FLOOR

0   5   10

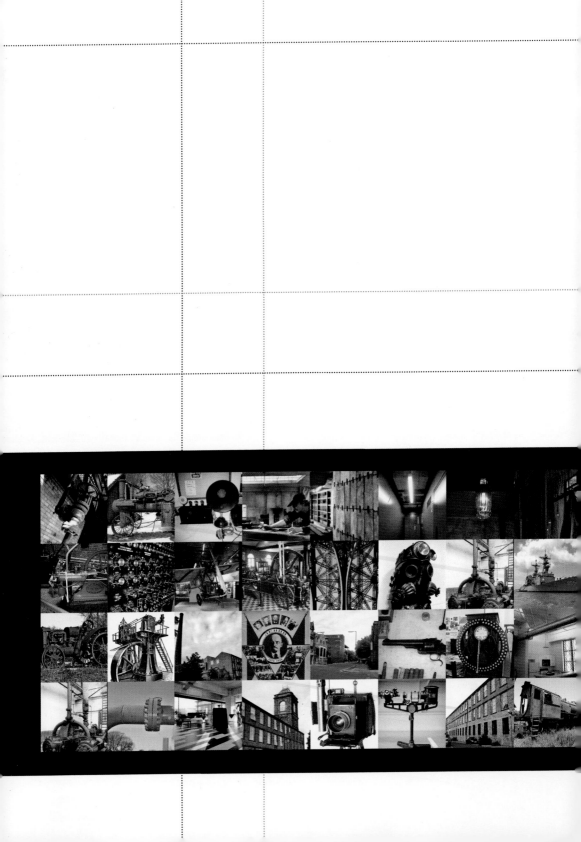

工业时代的直接感、厚重感，一直有着难以抗拒的吸引力，虽然即便是最苛刻的剥削者也不愿意住在厂房里，但是工业建筑里面简单粗犷的风格，昏暗厚实的质感，以及一些代表性工业构件等，组合起来却可以在某些特定的情景下产生奇特的体验感。

对于工厂符号的再利用，是此类风格的设计重点，将具体的工业元素解构之后为具体的设计所用。如具有代表性的超乎寻常的层高、裸露在外的通风管道，工业灯具，铁丝网隔断，颜色鲜艳的工业墙体，斑驳的地面，古旧且外形奇特的工业机械装置等等，虽不见得要将所有的工业符号用尽，但工业风格还是有它固定的符号的。

越来越多的人打着追寻本我的旗号逃离所居住的都市星球，却还有很多人在都市生活的节奏下恋慕工业风格的冰冷感，或许这本身就说明人类就是一个永远充满矛盾的综合体。

■ Alessa Jewelry Store

■ 艾丽莎珠宝店

■ 危地马拉城. 危地马拉

■ 室内设计:
Paz Arquitectura
■ 摄影:
Andres Asturias
■ 客户:
Alessa Jewelry Store

本设计通过完全没有遮挡物的开放式布局将不同功能区如展示区、工作区和客户娱乐区综合起来。艾丽莎公司致力于珠宝设计和生产，他们的产品与所处空间形成对比。展示区靠近整个空间里唯一的一面墙，其最大特点是透过玻璃窗能看到危地马拉城风景。

工业风格中的颜色搭配一般以对比色搭配为主，强调在具体空间内一种特定颜色的掌控感，而在与工业风格室内颓废感的配合上，颜色起到突出视觉存在的重要作用，一种或几种颜色都可以在工业风格的室内设计中存在，而且大部分的颜色纯度都可以很高。

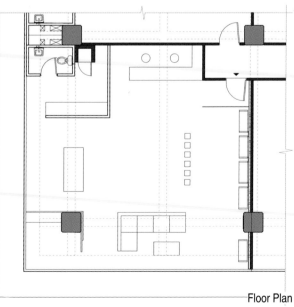

Floor Plan

Paz Arquitectura的设计师使用中性色
（白色、黑色和实木色）营造出朴素的
气氛以便将侧重点放在主要活动上。天
花板的处理很少，裸出本来的混凝土材
料、电线导管和空调线。不规则的黑白
地板延伸到珠宝展示墙，很引人注意。
珠宝展示墙以白色为背景与黑色的地板
形成鲜明对比。

在木色、金属色和具体颜色之间的
搭配中，根据具体室内设计效果的
不同，其比例是不一样的，木色有
朴素天然的效果，金属色能体现简
洁冰冷的氛围，具体颜色的应用无
论是在墙壁、顶棚还是地面上，都
必须以整体设计想要表达的具体含
义相契合。

■ **Abattoir**

■ # 艾伯特瓦餐厅

■ **亚特兰大. 美国**

■ 建筑设计:
Square Feet Studio
■ 室内设计:
Square Feet Studio, Dominick Coyne
■ 摄影:
Square Feet Studio
■ 客户:
Anne Quatrano

艾伯特瓦餐厅曾是当地居民选购肉品的地方，如今设计师带领团队将这个之前的屠宰场改造成了一个既有创意又很舒适的用餐空间。设计工作包括将符合现代审美的主要功能巧妙地融入到现存的工业化空间之中。在改造过程中，他们尽最大努力保留了餐厅原有的工业化特色。

旧厂房的改造重新设计是实现工业风格最佳途径，几个现代工业国家大都有着知名的工业区改造项目，如美国纽约的切尔西区、德国柏林的西莫大街、英国的伦敦东区以及中国北京的798等，在表现工业风格的特点方面，其主要有以下优势：

①厂房等工业建筑往往具有高大明亮的建筑空间，具有实现各种设计的自由度和可能性。
②工业建筑往往具有很多工业生产的痕迹，这与工业风格本身的强调沧桑感与质感的表象特征吻合。
③工业建筑往往历史悠久，反映着当时的建筑风格和建筑水平，具有一定的文化特征。

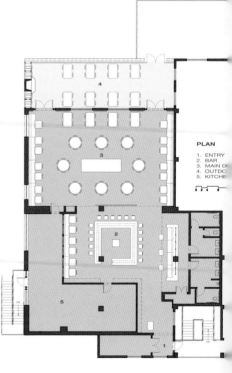

PLAN

1. ENTRY
2. BAR
3. MAIN D
4. OUTDO
5. KITCHE

他们利用再生的松木装饰墙壁并配上定制的照明灯以及家具，这些新增装饰与原有的以砖块、钢材和混凝土为原料的建筑很好地融合在了一起。

户外的露台处有一个混凝土制成的壁炉，在壁炉的侧面安放定制的钢架用来存储木头，这样既可使人们回想起该建筑原有的工业作用，同时又能提升它现在的品位度。

餐厅有许多不同的用餐空间，客人可根据自己的喜好选择不同的餐位。与此同时，餐厅内部还有一个正方形的酒吧吧台，人们可以在此喝酒聊天结交新朋友。

■ Badoo Development Office

■ 贝朵发展办公室

■ 莫斯科. 俄罗斯

■ **室内设计:**
Za Bor Architects

■ **摄影:**
Za Bor Architects, Peter Zaytsev

■ **客户:**
Badoo

为网络开发人员创建的Badoo公司莫斯科办公室，专注于技术，而不是行政的功能。其建筑的解决方案中最大的一部分与有力的色调和涂饰原料相结合。由于混凝土具有自然纹理，立柱表面只粉刷透明的亮光漆。然而，在Badoo办公室，装饰手法被体现得淋漓尽致，除了光线充足的开敞空间，还有很多独特的空间分布。

事实上，工业风格有着丰富的艺术底蕴和开放、创新的设计思想，一直以来颇受众人喜爱与追求。工业风格从简单到繁杂、从整体到局部都给人一丝不苟的印象。这种风格一方面保留了工业建筑材质、色彩的大致风格，仍然可以很强烈地感受工业生产时期的历史痕迹与浑厚的文化底蕴，同时又摒弃了过于复杂的工业机械的繁复和应用，简化了线条。无论是家具还是配饰均以其简约而挺拔的姿态，平和而富有内涵的气韵。

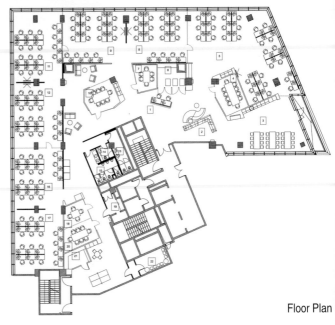

Floor Plan

工作空间是全玻璃幕墙，可以吸取充足的自然光线，两种类型的垂直百叶窗分别削弱15％和100％的光输出。天花板具有Isocork吸音材料。入口附近种植了一片真正的自然植物，自然植物覆盖这里的墙壁。旁边有一个亮黄色的撒尿小童雕像为绿色的墙壁浇水，总能引起人们的注意，这是一个室内趣味设计。

绿色植物的应用是无论何种风格都能融合的软装饰手法。与工业风格的表象相互呼应的是室内设计的人文化和绿色化，这是现代思潮对于工业风格的重新思考和改变，用更符合当代社会理性的手法去延续一种以前的风格。用充满生命的元素中和工业风格里冰冷的面貌。

原木的材质从地面蔓延到了墙面，让空间的材质构成充满了
无边界的不确定感，造型前卫的白色办公家具凸显了简洁和
秩序，配合具有弧线造型的吊灯，整个会议室的视觉审美兼
具理性和感性特征。

- Chico's Restaurant

■ 奇科餐厅

- **埃斯波.芬兰**

- 室内设计:
  Amerikka Design Office Ltd.
- 摄影:
  Amerikka Design Office Ltd.
- 客户:
  HOK-Elanto Restaurants

软装点评：本案中整面的波普风格壁画是个亮点，但在空间布局上缺乏一些点缀性的装置，如果增加几个造型独特，符合工业风格的雕塑，会让整个空间显得更加有视觉冲击力，也更容易拉近餐厅和顾客的距离。

餐厅在视觉外观上呈现现代美式风格，将都市紧张气息与人们的热情大胆结合。餐厅内部以大胆的表达为特征，采用褪色表面、未经深加工的材料及画家Juha Lahtinen与Samuli Suonpera的壁画进行装饰。

墙画元素是工业风格的突出表现元素，这恰恰是因为手绘墙画的发展起源于欧美的涂鸦艺术，当时，街头涂鸦的发展在某种程度上受建筑物限制。当时涂鸦爱好者在城市中找不到一种随意轻松的发挥空间，只能在工业厂房的外墙上大显身手，墙画的艺术感与工业建筑粗犷高大的形象相互搭配，形成独特的风韵。

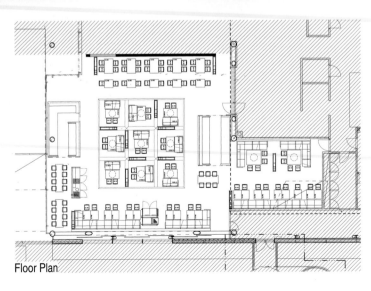

Floor Plan

覆盖巨大的照片及隔音板令后面房间墙更具隐私性。古老的工业灯及Samuli Suonpera的壁画为与吧台齐高的桌子营造着氛围。废弃建筑物中的窗架构成虚构的窗户供宾客欣赏室外景色。

在工业风格的室内空间中，可以看到诸多的艺术种类的表现，比如摄影艺术、波普艺术、装置艺术、雕塑艺术等等，这些艺术种类的突出风格特点是展现不同表现中的工业氛围：怀旧的、具有思考的批判性的、直接的不加装饰的、斑驳的、生产和原创性的情感寄托。

■ UMH Radio Office-Loft

■ UMH无线电办公室

■ 基辅. 乌克兰

■ 室内设计:
Ryntovt Design

■ 摄影:
Andrey Avdeenko

当设计位于乌克兰首都基辅的UMH无线
电办公室时，Ryntovt Design的目的是
在保留其工业美学的基础上赋予这座老
建筑新的生命气息。一间阁楼这个词的
全部意思是只有在一座工业建筑物里才
具有意义，而一间理想的阁楼可能是工
业建筑物和良好设计的共同结果。无论
如何，Ryntovt设计团队在设计位于前
工厂车间内的一间办公室的时候并没有
规定太多标准。

工业风格的室内表现元素，大致可分为以下类别：

①具有斑驳质感的墙面和地面，如砖墙、水泥板或是石灰
涂料墙面，以及水泥和水磨石地面。
②工业风格的灯具，一般有复古的生产吊灯和拉丝灯等。
③工业风格的家具和配饰，如具有简约的，怀旧气息的流
水线家具和直接来自于工业机械的配饰。

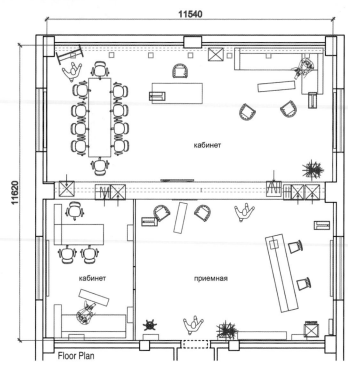

Floor Plan

几乎所有的东西都保持不变，包括工业美学等元素，如一个复杂的天花板上一个独特的纹理间距，一个美丽如画的铁桁架和泡沫混凝土墙，唯一的例外是后者被漆成白色。

混凝土地面上覆盖着一个特殊的平顶。照明设备也为本案设计营造工业环境氛围——墙上的探照灯和标准灯令人们联想到街灯。粗糙的工业表面与微妙的天然特征形成有效对比。

这种宽敞开放的LOFT房子的内部装修往往保留了原有建筑的部分风貌，如裸露的墙砖，质朴的金属横梁，以及暴露的金属管道等产业痕迹。这类有着复古和颓废艺术范儿的格调成为一种风格，散发着硬朗的旧工业气息。

■ Youth Republic

■ 青年机构办公室

■ 伊斯坦布尔. 土耳其

■ 室内设计:
KONTRA
■ 平面设计:
Monroe Istanbul
■ 摄影:
Onur Solak
■ 客户:
Youth Republic

这个面积1300m²的空间现在是一个有9
个部门的青年机构的办公室。项目地点
紧邻伊斯坦布尔中央商务区，由伊斯坦
布尔最著名室内设计公司KONTRA负责
室内部分的设计。入口处是一个6m高
天花板和灰色锈金属板的前台。墙上的
公司理念很显眼。这种刚性十足的外观
凸显了内部年轻团队的活力。

本案最大的特点是在视觉上突出了主体色，用饱含活力
的表现手法去营造办公空间，可以多少从中看得出波普
艺术的影子。在色彩的运用上使用了对比的手法，增强
了视觉冲击力。反映了工业社会中成长起来的青年一代
的社会与文化价值观，以及力求表现自我，追求标新立
异的心理。

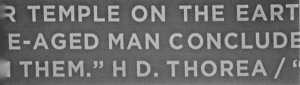

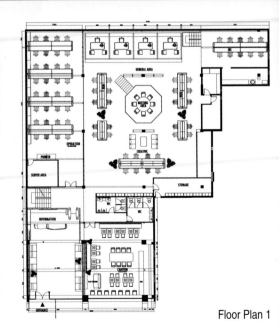

Floor Plan 1

开放型办公区最显眼的是核反应堆形状的集合点，其中包括一个古董桌子——是这个年轻机构创新精神的见证物。由于是用于"头脑风暴"地点，这个区域是整个公司的核心。生机勃勃且色彩丰富的区域，是给年轻员工鼓劲喊口号"永远年轻"的地方。这的确是一个激发创造，团结放松的地方。整个空间被设计成开放办公室，色彩缤纷的储物柜使人感觉置身大学校园中。在这里员工们可以存放私人物品。

这种宽敞开放的空间的内部装修往往保留了原有建筑的部分风貌，如裸露的墙砖，质朴的木质横梁，以及暴露的金属管道等产业痕迹。逐渐的，这类有着复古和颓废艺术范儿的格调成为一种风格，散发着硬朗的旧工业气息。

本案迎合年轻人喜爱的一切因素：自由、热情、创意、无拘无束。醒目的颜色让整个空间内部不因为层高的关系显得空旷死板，所有的家具和配饰都静静向同一种风格看齐，视觉元素的平面化将整个空间包装为统一的感官作品。

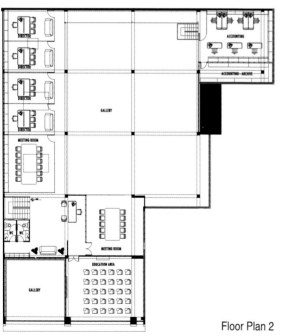

Floor Plan 2

■ 1001 Renovation

■ 1001改造项目

■ 东京. 日本

■ 室内设计:
Keiji Ashizawa Design
■ 摄影:
Takumi Ota

本项目位于东京Nakano高地价区。作为老公寓改造项目，Keiji Ashizawa Design公司需要为业主尽可能节省成本，同时间接减少对资源的要求，保护环境。为节省预算，设计师在天花板上做的变动很小，而将重点放到公寓整体风格的把握上。Keiji Ashizawa Design的设计师选择工业"LOFT"风格作为公寓整体风格，迎合年轻业主品味。

LOFT风格最显著的特征是向上开敞的空间，多层的复式结构，空间看似空旷沉寂，实则充满想像和未知。LOFT风格将大跨度空间任意分割，打造夹层、半夹层，设置不同的功能分区，同时有大面积的空间留白。

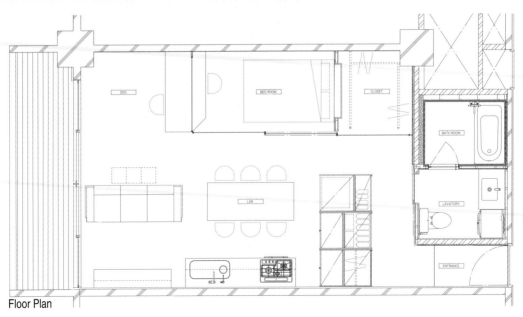

Floor Plan

设计师用粗糙且工业化的天花板展示了业主的品位，同时也呼应了整体风格。为增加空间，整个空间里几乎没有实体墙，这也减少了翻修时的难度。设计师没有选用水泥墙而是用雾化玻璃墙分开不同功能区。半透明玻璃墙也带给人轻盈感。黑色、白色和灰色是整个设计的主色。该公寓的气氛带给人们的感觉如此平易近人，可以使人很快适应它的环境。

LOFT的特点是空间有非常大的灵活性，设计或者创意不会被建筑已有的机构或构件所制约。可以让空间完全开放，也可以对其分割，从而使它蕴涵个性化的审美情趣。从此，粗糙的柱壁，灰暗的水泥地面，裸露的钢结构已经脱离了旧仓库的代名词。

■ Dabbous

■ 达柏波斯餐厅

■ 伦敦. 英国

■ **室内设计:**
Brinkworth

■ **摄影:**
Louise Melchior

■ **客户:**
Dabbous

达柏波斯是位于伦敦惠特菲尔德街一个角落的新餐厅。为创建达柏波斯的品牌特色，Brinkworth的设计灵感源于最低限度地运用材料及保留原材料的真实意义，以此打造未经深加工的工业风格空间。现代、内敛的品牌特色被成功塑造。由Brinkworth设计的钢制和木制长椅、大桌、酒吧高凳、皮革和钢扶手椅、长椅等家具营造了舒适、温暖的氛围。

工业风格的设计出发点：工业风格不仅仅需要工业建筑的躯壳，还注重它身上记载的那段历史，感受那段历史，再现那段历史。设计者留下墙壁上的工业生产痕迹，用当时的工业机械设备渲染场所的氛围，激起人们对多年前的生活的记忆，精神上的怀旧之情似乎无处不在。

1 - entrance

2 - meet & greet unit

3 - coat hook screens

4 - dining area

5 - dispense station

6 - kitchen

7 - new staircase

8 - cruise counter

9 - bar area

10 - bar

11 - storage

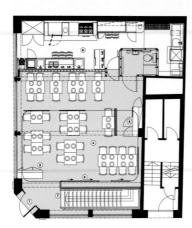

ground floor plan

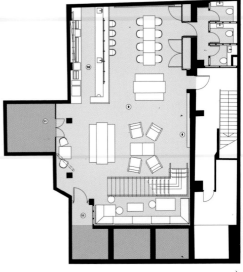

basement plan

Brinkworth保留材料的原始特征：钢、槽纹玻璃、混凝土和金属丝网，定义空间的建筑特征。未经深加工的工业设计方法随餐厅的发展而使空间进步与发展。Brinkworth设计的家具：上蜡、木桌、黑色木制的真皮座椅，与烧焦的木材墙相结合。折衷的灯具选择，包括专门定制的彩色吹制玻璃与质朴的材料运用形成对比。

工业风格用一种浪漫的眼光看待过去的工业建筑遗产，它暴露最原始的结构和建筑材料，基本保持旧的工业建筑的完整性，把具有强烈现代气息的材料、设备和废弃工业建筑的遗迹并置在一起，互为背景，凸现了过去工业时代的美学特征。

■ Koya

■ 高野俱乐部

■ 里加. 拉脱维亚

■ 建筑设计:
Zane Tetere

■ 室内设计:
Open Architecture and Design, Zane Tetere, Elina Tetere, Dins Vecans

■ 摄影:
Maris Lagzdins

■ 客户:
Koya

本案坐落在里加的工业区，这里目前是艺术家们工作间和游艇俱乐部的所在地，摒弃了前苏联时期的港口建筑物。充满朝气的城市与变化的节奏及不同的精神自然混合。

工业风格家具的特点：工业风格家具体量较大、颜色较深。实木家具搭配外露的金属铆隼，工业气息于细节处散发的同时，丝毫没有冲抵家居的温暖度。另外，皮革与金属铆钉的搭配既能体现工业风格的硬朗，又有华丽感。

空间内部注重大型平面和结构所采用材料的对比，而非内部的装饰和小细节。

破旧粗制的天花板、巨大的金属吊灯和光滑的黑色玻璃幕墙之间的对比营造了现代的感觉。大的平面和规模，简单的新材料（具有黑色金属元素及橡树表面的长吧台，桌子），高的木板门，巨大的枝形吊灯和具有金属元素的家具，无一不为空间营造工业氛围，但不具有挑战性和对抗性。

外墙呈现禁欲主义的黑色，上面有大白字，这不仅营造工业的感觉也展现质朴、新鲜、现代的元素。

Floor Plan

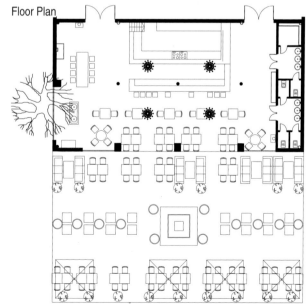

■ **Barcelona Wine Bar**

■ # 巴塞罗那酒吧

■ 亚特兰大. 美国

■ 建筑设计:
Square Feet Studio
■ 室内设计:
Square Feet Studio, Sasa Mahr-Batuz
■ 摄影:
Blake Burton Photography, Jeff Herr Photography
■ 客户:
Sasa Mahr-Batuz, Barcelona Wine Bar

巴塞罗那餐厅和酒吧是一个屡获殊荣的西班牙小吃餐厅，集团旗下餐厅遍布康涅狄格州亚特兰大，并且即将在华盛顿DC和波士顿开设分店。巴塞罗那餐厅创办于1995年，由创始人Sasa Mahr-Batuz根据自己在西班牙和葡萄牙的20年生活经历以及另一位创始人Andy Pforzheimer根据自己在法国、加利福尼亚和纽约的世界级餐厅的20年厨师经历创办。他们将这个一开始只有38个座位的小酒吧发展成为一个具现代工业外观和感觉的酒吧。

工业风格设计具备四个基本形式特点：

①视觉元素追求简练、质朴、充满厚重感，色彩大胆醒目。
②空间形式宽敞，功能追求实用，摒弃多余的装饰。
③建筑材料品质精良，关注环保与可持续发展。
④注重新元素与怀旧环境的和谐统一，细节处体现精美。

餐厅的设计采用了当地手工工艺，以确保整个空间符合手工美感。当顾客们走近该酒吧时，会看见一个定制的钢制店面，并以此作为一个欧洲风格的用餐露台的背景。在那里，门朝向一个巨大的公牛头，公牛头微妙的传达了酒吧的西班牙风情。向左边看可以看到由贵宾桌环绕的U形酒吧，向右可通向餐厅和厨房以及另一个壁炉砖砌成的大型露台。总之，巴塞罗那酒吧可以给人以完整的视觉与触觉感受，仿佛是一首精心创作的真诚之歌。

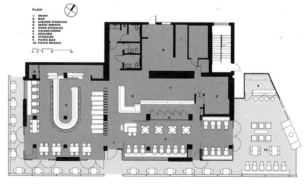

PLAN
1. ENTRY
2. BAR
3. LIQUOR STORAGE
4. MAIN DINING
5. WINE STORAGE
6. CHARCUTERIE
7. KITCHEN
8. STORAGE
9. PATIO BAR
10. PATIO DINING

Amerikka Design Office Ltd.

Add: Kalevankatu 31 A 14, 00100 Helsinki, Finland
Tel: +358 9 442 005
Web: www.amerikka.fi

Amerikka Design Office Ltd. specialises in architecture and brand building.

Their design work is built on a broad understanding of projects and on close cooperation with customers and other experts. Their customers range from growth enterprises to well-known public and private operators.

Their specialties are designing retail and other commercial spaces, building brands and developing spatial and operational concepts.

Antoni Associates

Add: 109 Hatfield Street, Gardens, Cape Town, 8001, South Africa
Tel: +27(0)21 468 4400; Fax: +27(0)21 461 5408
Web: www.aainteriors.co.za

Over the past decade Antoni Associates, the interior design & Décor studio of the iconic architectural firm SAOTA has become known for creating some of the most exclusive interiors in South Africa as well as international locations including London, Paris, Moscow, New York, Dubai & Geneva. This dynamic and innovative practice conceptualizes and creates contemporary interior spaces and bespoke décor for the full spectrum of interior design briefs which includes domestic, hospitality, retail, corporate and leisure sectors.

Led by Mark Rielly and partners Vanessa Weissenstein & Adam Court, together with Associates Ashleigh Gilmour, Jon Case & Michele Rhoda and a dedicated and skilled team of designers and decorators, Antoni Associates prides itself on its dedication to cutting edge contemporary design, sound technical knowledge and up to the moment computer skills and a design finesse that combined is unique in South Africa. The synergy of these attributes combined with carefully orchestrated logistics allows them to stay ahead of the market. Their interiors meet the international standard of being modern, luxurious and seductive while at the same time remaining understated and timeless and in tune with the delights of quality living demanded by their discerning clients.

Bluarch Architecture + Interiors + Lighting

Add: 112 West 27th Street, Suite 302, New York, New York 10001, USA
Tel: 212 929 5989; Fax: 212 656 1626
Web: www.bluarch.com

Antonio Di Oronzo came to New York from Rome (Italy) in 1997 and has been practicing architecture and interior design for eighteen years. He is a Doctor of Architecture from the University of Rome "La Sapienza", and has a Master's in Urban Planning from City College of New York. He also holds a post-graduate degree in Construction Management from the Italian Army Academy.

Prior to opening Bluarch, Antonio served as Project Architect for the renowned firm, Eisenman Architects on the Jewish Memorial in Berlin; The Cultural Center in Santiago de Compostela (Spain); The Arizona Cardinals Stadium (USA). While working at Gruzen Samton Architects, Antonio worked on Kingsborough Community College (NY; USA), and The Port Amboy Ferry Terminal (NJ; USA). In addition, Antonio completed the City Hall Building in Pohang (Korea) for Robert Siegel Architects.

In 2004, Antonio founded the award-winning firm Bluarch Architecture + Interiors + Lighting, a practice dedicated to design innovation and technical excellence providing complete services in master planning, architecture, interior design and lighting design. At Bluarch, architecture is design of the space that shelters passion and creativity. It is a formal and logical endeavor that addresses layered human needs. It is a narrative of complex systems which offer beauty and efficiency through tension and decoration.

Brinkworth

Add: 4-6 Ellsworth Street, London, E2 0AX, UK
Tel: +44 (0)207 613 5341; Fax: +44 (0)207 739 8425
Web: www.brinkworth.co.uk

Brinkworth was formed in 1991 by founder and company director Adam Brinkworth. The company is run by three directors: Adam Brinkworth, Kevin Brennan and David Hurren - and four Associate Directors: Karen Byford, Howard Smith, Pamela Flanagan and Murray Aitken.

Although based in a single London office, the company has active projects all around the world. Brinkworth is a design-led company working in architecture, interior design and furniture design as well as creative brand strategy and graphics. Projects are predominantly in the areas of retail, workplace design, exhibitions, hospitality and residential houses, but it is in retail - and particularly fashion retail - that Brinkworth have made their reputation. Brinkworth's most long-term retail client is fashion retailer Karen Millen, for whom Brinkworth have completed stores all over the world, designing every element from the bespoke merchandising units to all the architecture and interior design.

Gage / Clemenceau Architects

Add: 131 Norfolk Street, Storefront, New York, NY 10002, USA
Tel: 212.437.2200; Fax: 212.437.0010
Web: gageclemenceau.com

Founded in 2004 by Mark Foster Gage and Marc Clemenceau Bailly, Gage / Clemenceau Architects is at the forefront of a new generation of architects working to combine architectural practice with the innovative use of today's most advanced technologies. The work of the firm ranges from large-scale architectural projects, including a ten million square foot warehouse facility for Industrias Correguea, to retail, commercial, exhibition, residential, and renovation projects. In addition to architectural design, Gage / Clemenceau is actively involved in interdisciplinary collaborations, most recently with Lady Gaga's Fashion Director and Creative Director for Mugler, Nicola Formichetti. The Museum of Modern Art (MoMA) in New York, the Museum of the Art Institute of Chicago, and the Deutsches Architektur Zentrum in Berlin have all exhibited the work of Gage / Clemenceau Architects. In 2010 Gage / Clemenceau was selected as one of the architecture firms representing the United States in the Beijing International Biennale. The firm recently received an American Institute of Architects NY Design Award, and was named an "Avant Guardian" of architecture, by Surface Magazine. Gage / Clemenceau was nominated as one of thirteen international architectural firms for the prestigious Ordos Prize in Architecture – a select group that Rem Koolhaas referred to as "the next generation of great architects." Gage / Clemenceau's work has been featured in The New York Times, MTV, Vogue, USA Today, Mark, Harper's Bazaar, Wired, Fast Company, PBS, as well as numerous books.

Golucci International Design

Add: 1#1805 Kunsha Center, 16 Xinyuanli, Beijing China
Tel: + 86 10 8468 2055/58; Fax: + 86 10 8468 2059
Web: www.golucci.com

Golucci International Design was established by Taiwanese Designer Lee Hsuheng in 2004. Their highly motivated and qualified designers fully recognize the importance of professional acumen. Each project is conceptualized and developed by our experienced design team. Over the years, their works have included a wide range of Clubhouses, Hotels, Bars & Restaurants. Their approach to management ensures a high quality end product and they express the essence of their creative ideas to the best benefits of their clients.

The director of the company Lee Hsuheng was born in Taiwan and got his degree in London.

Lee Hsuheng committed to the hotel and catering business space interior design work for a very long time and has accumulated a wealth of project experience in multiple design styles and business types. His works were published in many famous Magazines, such as domus 60 China interior designers, interior design, ELLE DÉCOR and so on.

Jörn Fröhlich

Add: Fürbringerstr. 28, 10961 Berlin, Germany
Tel: 0049 177 3511382
Web: jofro.com

Jörn Fröhlich (born in Germany, 1970) is a freelance artist and designer covering theatre, fashion and retail design. He is based in Berlin, Germany and Izmir/ Turkey, where he currently teaches visual merchandising, stage, costume, and multimedia design at Izmir University of Economics' Faculty of Fine Arts.

Throughout the 1990ies Jörn Fröhlich spent time in Europe and the United States of America working in graphic, fashion, and theatre design. In 1997, he finished a tailoring apprenticeship at the State Theatre in Darmstadt, Germany and graduated in 2002 from UdK Berlin (University of Fine Arts and Design) in stage and costume design. Ever since he has been working as stage and costume designer for international opera productions throughout Europe.

From 2002 to 2005 he worked as production manager at German Opera on the Rhine in Düsseldorf, Germany and contined his professional career from 2005 to 2007 as visual merchandising manager at Breuninger Flagstore Stuttgart - a german department store. Next to freelance design projects for Turkey´s leading Dept. Store YKM in visual merchandising and window display he started his academic career in 2007 by teaching stage design at Mimar Sinan University of Fine Arts in Istanbul,Turkey. In 2010 he met Siddik Erdogan as a graduate student at Izmir University of Economics from where they started their collaboration on the Geen Bistro.

Keiji Ashizawa Design

Add: Keiji Ashizawa Design Co., Ltd zip 112-0002 2-17-15 1F Koishikawa Bunkyo-ku Tokyo Japan
Tel: +81-3-5689-5597; Fax: +81-3-5689-5598
Web: www.keijidesign.com

An ideal form is derived naturally through the process of attempting to maximize the potential of client's demand, material and its function. Besides architecture and interior design, Keiji Ashizawa used to work in production for several years after working in an architect's office in Tokyo. He realized that it was important to make 'honest' design by going back and forth and to be surrounded by different materials to be used in the experimental process.

In architecture or interior, product and furniture design, the attitude does not change. From Architecture to product, He tries to maintain the similar philosophy of achieving 'honest' design.

KONTRA

Add: KONTRA Liva Sok. Akif Bey Apt. No:13-3/34433 Cihangir Istanbul – Turkey
Tel: +90 212 243 1770; Fax: +90 212 243 1768
Web: www.kontraist.com

KONTRA is an Istanbul based office which is established in 2009. The team works in 160 years old building that is in historical peninsula of Istanbul. KONTRA is an environment think tank where space and ideas are audited, researched, analyzed, created and revolutionized. KONTRA believes in that architecture defines one's world view and is an interdisciplinary language between all art departments. At KONTRA, it is important to be the pioneer of unconventional success, and go beyond the unattempted for an extraordinary realization. KONTRA provides consulting for creative ideas and design concepts exclusive to residential and commercial projects. KONTRA designs and applies contemporary interiors together with a line of KONTRA products to meet the demands of life and space.

Need21

Add: 53-20 Hyehwa-dong, Jongno-gu, Seoul, Korea

Tel: +82-2-762-9560; Fax: +82-2-744-8739
Web: www.need21.co.kr

Jeong han, Yoo is the President of Need21. He is a member of an advisory council on design of Seoul Metropolitan Office and also The master planner of the Seoul Metropolitan Rapid Transit Conporation (SMATC). He has the teaching experience in Seoul Univ from 2009 until now.

Jeong han, Yoo took part in exhibition and received many awards, AN NEWS Architecture Design Award in 2012, Appointment the invited artist by KOSID, KOSID Golden Scale Design Award in 2010, Korea Space Design Award, Great Architecture Award by Gangnam-gu Office, Gain Myung Jang in 2009, etc.

Nico van der Meulen Architects

Add: 43 Grove Street, Ferndale, Randburg,
Johannesburg, South Africa
Tel: +27(0)11 789 5242; Fax: +27(0)11 781 0356
Web: www.nicovdmeulen.com

Nico van der Meulen Architects is one of the most prominent modern architectural practices of the African context. With more than 40 years experience, they specialize in contemporary home design and modern luxury residences. At Nico van der Meulen they work closely with all their
clients to ensure optimal satisfaction and outstanding results. Because they believe that the interior and exterior should be approached holistically, they established M Square Lifestyle Design to accommodate all their clients' requests; their ultimate wish is to have a seamless transition between inside and out with architecture and interior design complementing each other.

Paz Arquitectura

Add: 23 avenida 7-28 zona 15 Vista Hermosa I
Guatemala City, Guatemala 01015 Central America
Tel: (502)2369 1616; Fax: (502)2369 4543
Web: www.pazarquitectura.com

Paz Arquitectura is a workshop specialized in architectural design established in 2005 by Alejandro Paz.Through the challenge that the design imposes, Paz Arquitectura strives to approach each project as an opportunity to question nature itself about the elements that are involved in Architecture in order to contribute with efficient and positive solutions to the client.

They visualize Architecture as an opportunity for the designer to intervene the nature of the human being in order to improve his condition in life and his developing in the world that they live. Design becomes the integration of the instruments such as technology, optimizing of resources, managing of the environment, integration to nature and use of materials, to achieve a better way of living. Each project becomes an opportunity to experiment, focused on exploiting the potential of each element of design.

Ricardo Bofill Taller de Arquitectura

Add: Av.Industria14 I 08960 Barcelona, Spain
Tel: +34 93 499 99 00; Fax: +34 934999949
Web: www.ricardobofill.com

Ricardo Bofill was born in Barcelona in 1939. After graduating from the School of Architecture in Geneva, he gathered a group of architects, engineers, sociologists and philosophers, creating the basis for what today is the "Taller de Arquitectura" (Architectural Workshop).

"Taller de Arquitectura", with headquarters in Barcelona, accomplishes a collective and elaborate system for project design, establishing technical collaboration in all countries where it undertakes projects. It is a practice which endeavors for the highest quality, capable of conceiving and carrying out projects anywhere in the world. With this aim the "Taller" uses all of available means such as modern techniques, human resources and the professional expertise of each individual and the efficient

organization of its structure. This multidisciplinary international team takes on a large range of projects from urban master plans, public infrastructure, airports, civic and cultural buildings, offices and workplaces to private houses and interior, furniture and product design.

Robert Majkut Design

Add: Ul. Belwederska 9a, 00-761 Warsaw, Poland

Tel: +48 22 558 82 30; Fax: +48 22 558 82 31
Web: www.robertmajkut.com

Robert Majkut Design established in 1996 is a specialized design company offering professional solutions for business.

The scope of RMD includes all aspects of building brand's awareness through visual identification, industrial design, product design, up to complete interior design projects. The interdisciplinary creative team of Robert Majkut Design is based on architects, designers and graphic artists under the artistic guidance of Robert Majkut, with the support of experts in project & design management.

Each of RMD's creations forms an integrated message that helps realizing their customers' market strategies. Robert Majkut Design supports both brands that are already operating in the market and those that are new, yet to debut. They carry out projects with different levels of complexity - from product concept through individual projects of interior design, up to the multi-threaded, integral projects of an area of several thousand square meters or chain implementations, based on corporate design book developed by our company.

Versatility and unique balance between pragmatism and creativity of their team was achieved thanks to developed methods of designing that allow to optimize the work over every creation, from the stage of concept until final implementation. The list of clients includes the leaders of the entertainment industry, telecommunications industry, companies in financial services and banking as well as brands that offer luxury goods.

Robert Majkut Design projects were often described as a pioneering, groundbreaking and setting some new standards. One of the most recognizable is Multikino Złote Tarasy, considered one of the most spectacular cinema theaters in the world. One of our successes was also developing a strategy of corporate image for the first chain of financial advisors in Poland Expander and then Open Finance. They created the interior design for a debuting network on the Polish market of bank branches Noble Bank, in the private banking sector they also cooperated with Alior Bank and PKO Bank Polski. We have developed a complex project of luxury watches store network Time Trend and the elegant interiors of Moliera 2 boutique, a home for Valentino, Salvatore Ferragamo and Louboutin brands. Their portfolio encompasses also cinema projects completed in China (Orange Cinema for Golden Harvest) and Russia (Kronverk Cinema). Unique product design realizations, signed by Robert Majkut, have also become recognizable, like home theater speakers for Proton (Tonsil) or custom made and designed furniture and lighting (Mrs. President desk and Hermama lamp).

Innovation, aesthetic boldness and the highest quality standards of their projects, proved by years of experience have made Robert Majkut Design one of the best companies of the creative industry in Poland, also gaining an increasing recognition in the world.

Ryntovt Design

Add: Str. Krasnooktyabrskaya 5h, Kharkiv 61052 Ukraine
Tel: +380675710351
Web: www.ryntovt.com

Ryntovt Design adopts a comprehensive approach to design, including the full cycle of processes, necessary for the creation of modern public and private spaces, and objects.

Architecting interior or subject, Ryntovt Design is trying to create natural, laconic, environmental product with an intellect and feelings.

At the heart of each subject there is the culture of production, nature respect, gratitude to the material which gives the possibility to implement their major projects. The product which is the result of their creativity, first of all is an ecoculture bearer and spirituality.

Square Feet Studio

Add: 154 Krog Street, Suite 170, Atlanta, GA 30307, USA
Tel: 404-688-4990
Web: www.squarefeetstudio.com

Established in 2001, Square Feet Studio, Inc. is an architecture, planning and design firm based in Atlanta, Georgia. As their name suggests, they focus on space. Square feet are, of course, a unit of measure. They are mundane and necessary to create common ground for discussing spatial ideas. A studio, on the other hand, is a collaborative environment where ideas are freely exchanged to create thoughtful constructions.

They believe in making every square foot smart, simple and sustainable: smart in the use of resources, simple with sound design solutions that allow for complex uses and adaptability, and sustainable through a process that insures their clients are vested enough in the results to keep them for a long time. They collaborate, they have fun and they work hard. They ask questions and delve into all aspects of a project early on to make sure they uncover opportunities early and often. They work hand in hand with their clients to produce comprehensive and individualized results that meet their common goals. They are a nimble firm who value a close working relationship with their clients.

Za Bor Architects

Add: 38th Sharikopodshipnikovskaya Str,, Build 3, Office 1, Moscow 115088 Russia
Tel: +7 495 922 90 60
Web: za-bor.net

Za Bor Architects is a Moscow-based architectural office founded in 2003 by Arseniy Borisenko and Peter Zaytsev. The workshop's objects are created mainly in contemporary aesthetics. What distinguishes them is an abundance of architectural methods used both in the architecture and interior design, as well as a complex dynamical shape which is a hallmark of Za Bor Architects projects.

Interiors demonstrate this feature especially brightly, since for all their objects the architects create built-in and free standing furniture themselves. Many conceptual and realized design-projects by Za Bor Architects were awarded at international exhibitions and competitions. At the moment Za Bor Architects is involved in variety of projects in several countries. Za Bor Architects have been involved in more than 60 projects including residential houses, a business center, a cottage settlement, many offices. Among the clients of Za Bor Architects there are IT, media and government companies such as Forward Media Group, Badoo, Yandex, Inter RAO UES, Moscow Chamber of Commerce and Industry and others.

汉意堂
Haniton decoration design

汉意堂软装公司，秉承学术性探讨方向，国内顶级软装机构；
从虚拟到现实，从家私到摆件，每一个工程都是作品！
详情请登陆www.haniton.com